Anjandeep Kaur

Reacções de cicloadição de ilídeos de azometina e suas aplicações

Anjandeep Kaur

Reacções de cicloadição de ilídeos de azometina e suas aplicações

ScienciaScripts

Imprint

Cover image: www.ingimage.com

This book is a translation from the original published under ISBN 978-3-659-85615-0.

Publisher:
Sciencia Scripts
is a trademark of
Dodo Books Indian Ocean Ltd. and OmniScriptum S.R.L publishing group

120 High Road, East Finchley, London, N2 9ED, United Kingdom
Str. Armeneasca 28/1, office 1, Chisinau MD-2012, Republic of Moldova, Europe
Managing Directors: Ieva Konstantinova, Victoria Ursu
info@omniscriptum.com

Printed at: see last page
ISBN: 978-620-8-57035-4

Índice:

Prefácio

O presente trabalho intitulado "**REACÇÕES DE CICLOADIÇÃO DE AZOMETINA YLIDES E SUAS APLICAÇÕES**" foi concebido para estudar a síntese de derivados biologicamente significativos através de reacções de cicloadição envolvendo azometina ylides. Estes são importantes 1,3-dipolos que são capazes de reagir com uma grande variedade de dipolarófilos e tais sínteses assimétricas têm uma importância crescente nas indústrias farmacêutica e agrícola no que diz respeito à preparação de fármacos quirais e produtos naturais. O presente estudo analisa a síntese de novos derivados de pirrolidina através de reacções de cicloadição 1,3-dipolar de ilídeos de azometina. A descoberta de que as moléculas de pirrolidina apresentam uma elevada eficácia biológica pode abrir novas vias para o desenvolvimento de terapêuticas dirigidas contra diversas doenças.

Capítulo 1

INTRODUÇÃO

1.1. Os ylides de azometina e as reacções de cicloadição 1,3-dipolar:

As reacções de cicloadição que envolvem deslocações cíclicas de electrões são uma das classes de reacções mais significativas em química orgânica no que diz respeito ao interesse mecanístico e sintético, uma vez que proporcionam uma elevada estereosselectividade e regiosselectividade.[1-4] Nestas reacções de fecho de anéis, o número de ligações o aumenta à custa das ligações n; geralmente formam-se duas novas ligações o. Dentro da classe de cicloadições, as reacções de cicloadição 1,3-dipolar são amplamente utilizadas devido ao seu elevado rendimento, eficiência e natureza regio- e estereosselectiva para a síntese de uma variedade de heterociclos significativos de cinco membros[5-16].

Entre os vários dipolos, os azometirenos ylides têm recebido uma atenção substancial nos últimos anos.[17] A importância sintética dos azometirenos ylides deriva da sua utilização para a preparação de heterociclos azotados de cinco membros, que são ubíquos na natureza e frequentemente encontrados como subunidades de produtos naturais bioactivos.[18-20]

Os ylides de azometina são 1,3-dipolos do tipo anião alilo que estão dobrados mesmo no estado fundamental. Os 1,3-dipolos do tipo anião alilo caracterizam-se pela presença de quatro n-electrões em três *orbitais p* paralelas perpendiculares ao plano do 1,3-dipolo e possuem uma estrutura dobrada (**Esquema 1**). Podem desenhar-se duas estruturas de ressonância em que três centros têm um octeto de electrões e duas estruturas em que *a* ou *c* têm um sexteto de electrões. O átomo central *b* pode ser azoto, oxigénio ou enxofre.

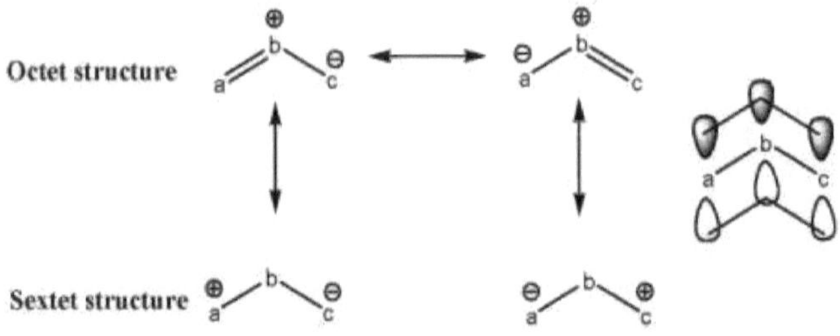

Esquema 1

Os azometanos têm quatro electrões distribuídos pela unidade C-N-C de três átomos e são representados por uma forma zwitteriónica. Podem desenhar-se quatro formas de ressonância zwitteriónica, como se mostra na **Figura 1**. A representação mais comum tem uma carga positiva localizada no átomo de azoto e uma carga negativa distribuída pelos dois átomos de carbono.[21] A extensão da carga negativa em cada átomo de carbono é determinada pelo tipo de substituintes nesses carbonos.

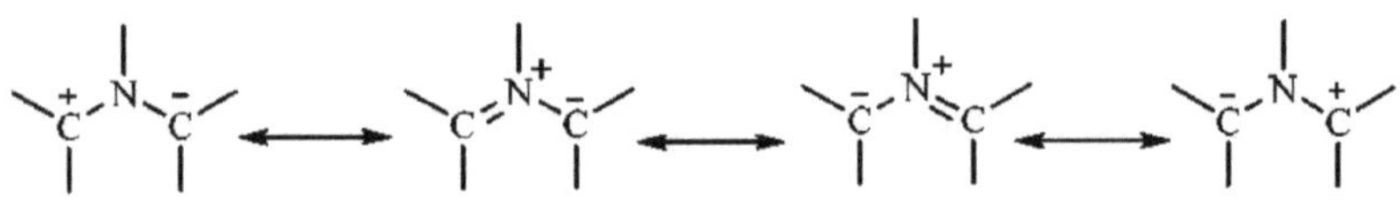

Figura 1

A cicloadição de um ylide de azometina com um sistema .- é uma reação de seis electrões [.,4s + „2_s] e ocorre por um processo suprafacial termicamente permitido, de acordo com as regras de Woodward-Hoffmann.[22] Num processo suprafacial, as duas ligações carbono-carbono são formadas na mesma face do ylide de azometina e do dipolarófilo. É geralmente aceite que a cicloadição é concertada com ambas as ligações o-carbono a serem formadas ao mesmo tempo, embora não necessariamente na mesma medida, ou seja, as reacções são *concertadas mas não síncronas.*[23] Isto significa que o grau em que cada uma das duas novas ligações formadas no estado de transição não é o mesmo, ou seja, a formação de uma ligação o pode atrasar-se em relação à formação da segunda ligação o no estado de transição (**Figura 2**). O estado de transição da cicloadição 1,3-dipolar tem sido geralmente considerado como evidência do mecanismo de reação concertado. A evidência a favor da natureza concertada vem da estereoespecificidade da cicloadição, na qual a estereoquímica relativa do dipolarófilo do alceno é mantida no produto pirrolidina.

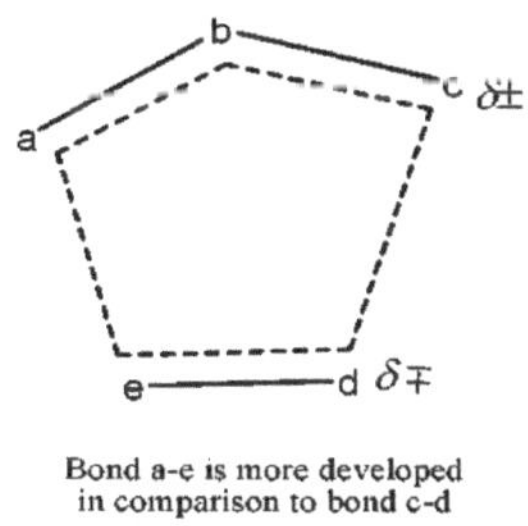

Figura 2

As geometrias do dipolo (azomethine ylide) e do dipolarófilo determinam a estereoquímica da reação. Os centros quirais nos átomos de carbono 2 e 5 do produto do anel de cinco membros derivam do ylide de azometina. Existem quatro geometrias possíveis de ylide com as formas em W e U que conduzem (para uma reação suprafacial) ao produto amina cíclica 2,5-cis-dissubstituída e os dois ylides em S que conduzem ao produto 2,5-trans dissubstituído (**Esquema 2**). Os ylides de azometina podem isomerizar-se, pelo que podem resultar misturas de produtos.

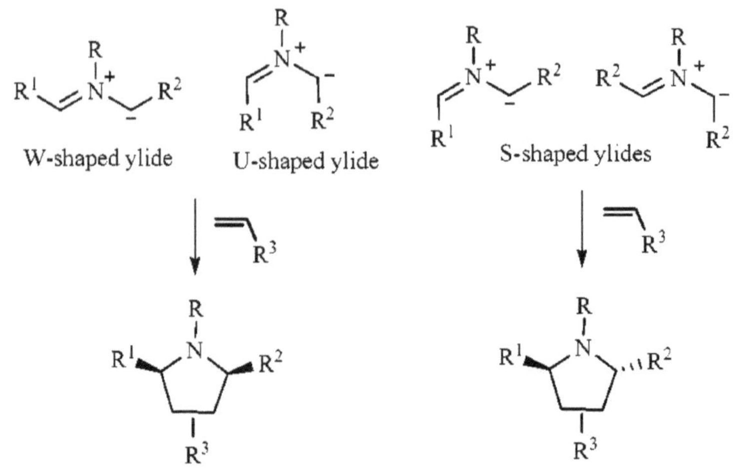

Esquema 2

Os centros quirais nos átomos de carbono 3 e 4 do produto pirrolidina estão a ser derivados do dipolarófilo. A orientação relativa dos substituintes do dipolarófilo está correlacionada com a do cicloaduto, de tal modo que os alquenil-dipolarófilos cis-dissubstituídos conduzem a produtos de pirrolidina 3,4-cis-dissubstituídos e os alquenil-dipolarófilos trans-dissubstituídos conduzem a produtos de pirrolidina 3,4-trans-dissubstituídos. O resultado é bastante consistente com a reação de cicloadição concertada. Para além deste aspeto estereoespecífico, a reação de cicloadição é normalmente estereosselectiva, em que o(s) substituinte(s) no dipolarófilo pode(m) adotar orientações *endo* ou *exo* em relação ao novo anel em formação. A preferência geral é pela formação do isómero *endo*, tal como se verifica na reação isoelectrónica de Diels-Alder. Uma mistura de estereoisómeros não é atípica, mesmo em reacções de cicloadição intramoleculares, embora as selectividades sejam frequentemente elevadas.

Capítulo 2

Métodos sintéticos para a obtenção de iluretos de azometina geração

Os ylides de azometina são geralmente gerados *in situ* devido à sua natureza instável e podem ser subsequentemente capturados pela adição de um dipolarófilo. Foram desenvolvidos diversos métodos para a sua geração, incluindo a reação de aminas com aldeídos como um dos métodos mais simples para gerar um azometinilureto, seguido da desprotonação do ião imínio ou do deslocamento prototrópico da imina. Outras abordagens comuns são a abertura do anel de aziridinas por método térmico ou de compostos heterocíclicos, tais como 4-isoxazolinas, etc. Cada um destes métodos (resumidos no **Esquema 3**) e outros métodos continuam a atrair uma utilização generalizada na química sintética.

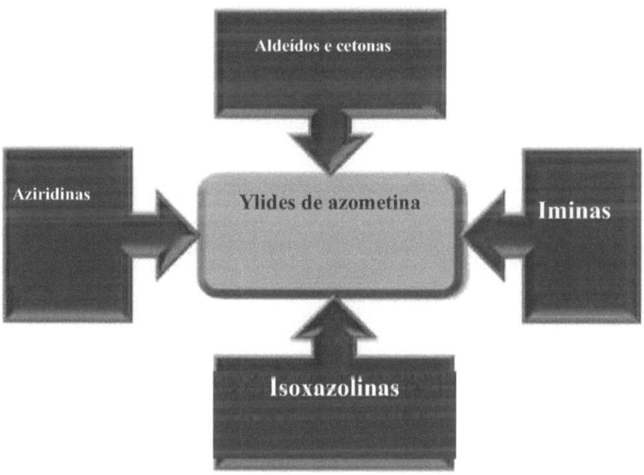

Esquema 3

2.1. Reação de aldeídos com *a* -Amino Ésteres:

A abordagem mais comum para a obtenção de um ylide azometínico é a reação de uma amina com aldeídos. Quando a amina possui um grupo retirador de electrões, como um éster carboxílico no átomo *de carbono a*, o ião imínio inicial pode sofrer uma desprotonação imediata para obter o ylide pretendido.[1,2] Confalone *et al.* mostraram que uma variedade de diferentes aldeídos substituídos reagem com aminas secundárias, como o éster etílico *da N-metilglicina.*[3-5] Para estas reacções são necessários solventes não polares, como o tolueno ou o xileno, com remoção da água utilizando a armadilha Dean-Stark. O primeiro exemplo relatado envolveu o aquecimento do aldeído **1** com o sal de cloridrato do éster etílico *da* N-metilglicina (éster etílico da sarcosina) em tolueno na presença de carbonato de sódio para dar o cicloaduto **3** *através do* intermediário azometina-ilida **2** (**Esquema 4**).[3]

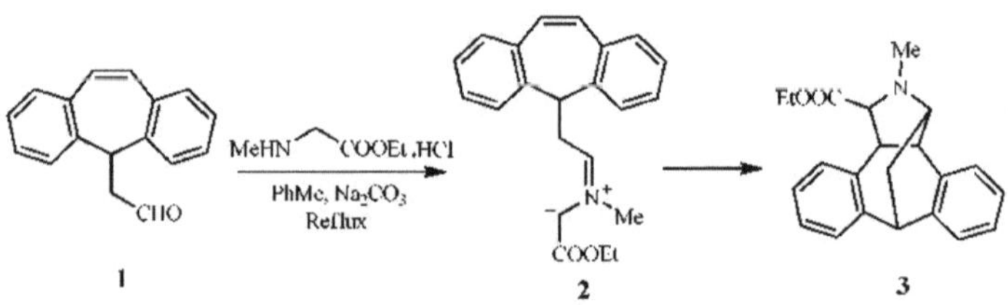

Esquema 4

Os diastereómeros do alcaloide indólico espirotriprostatina **8** e **9** foram sintetizados por Cheng *et al.* a partir de uma cicloadição assimétrica 1,3-dipolar do acrilato de metilo 2-(2-nitrofenilo) **6** com ylides de azometina, que por sua vez foram gerados a partir da condensação de aldeídos **4** com a-aminoésteres **5** (**Esquema 5**).[6]

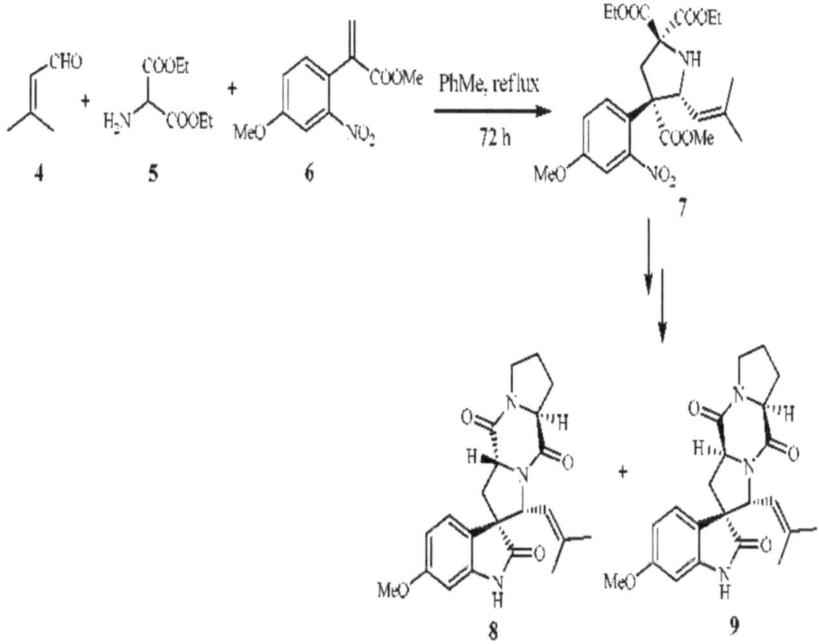

Esquema 5

A estereosselectividade da reação de cicloadição 1,3-dipolar de ylides de azometina, gerados *in situ a* partir de a-aminoésteres **10** e aldeídos **11**, e do dipolarófilo deficiente em electrões **12** foi efectuada pela ligação de catalisadores quirais de ácido bifosfórico **14 (Esquema 6)**.[7]

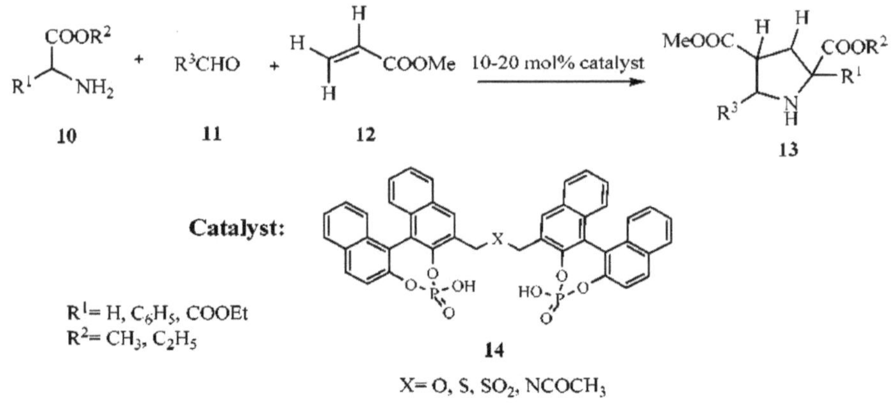

Esquema 6

2.2. Da reação de aldeído com a -Aminoácidos secundários:

A principal desvantagem do método acima mencionado é o facto de ser necessário um grupo carbonilo para estabilizar o ylide e, por conseguinte, acabar no produto onde pode não ser necessário. Outro método que gera produtos de pirrolidina sem o grupo carbonilo envolveu a utilização de a-aminoácidos em vez dos seus ésteres, que reagem com aldeídos para formar o azomethine ylide não estabilizado necessário por via descarboxilativa; a cicloadição deu então o produto de pirrolidina. Esta geração descarboxilativa de azometina-ilida foi estudada extensivamente por Grigg *et al.* [8-10] O aquecimento do aldeído **15** com fenilglicina ou *N-metilglicina* em DMF deu o cicloaduto **18** como os únicos isómeros (**Esquema 7**). O produto **18** surge de um ylide em forma de W. *O* a-aminoácido em reação com o aldeído gerou a oxazolidinona **16**, que depois da termólise libertou dióxido de carbono para dar o ylide "não estabilizado" **17**, que sofreu uma cicloadição intramolecular.

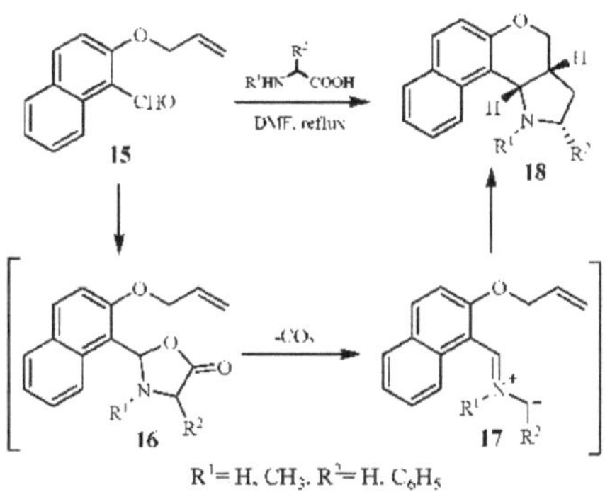

Esquema 7

A obtenção de novos derivados furo-pirano-pirrolidínicos **22** através da reação de cicloadição intramolecular 1,3-dipolar do ylide de azometina **21** gerado *in situ* a partir do aldeído **19** derivado do açúcar *O-alilo* e da sarcosina **20 (Esquema 8)** foi conseguida por Sirisha *et al.*[11]

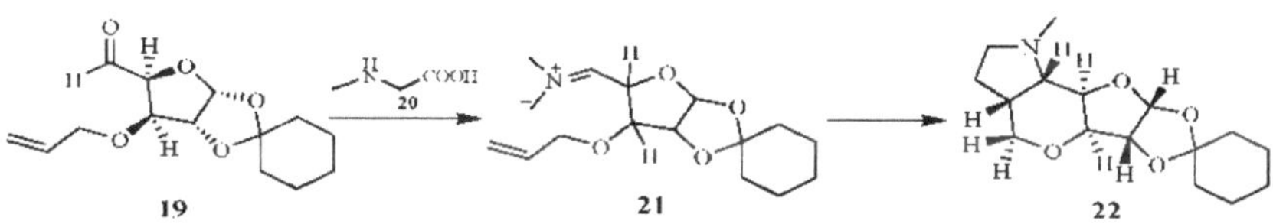

Esquema 8

A sarcosina e a ciclohexanona promoveram a reação de azometina ylide assimétrica não estabilizada com cumarinas 3-substituídas **24** e maleimidas **26** para dar pirrolidonas em rendimentos moderados por Moshkin *et al.* **(Esquema 9)**.[12]

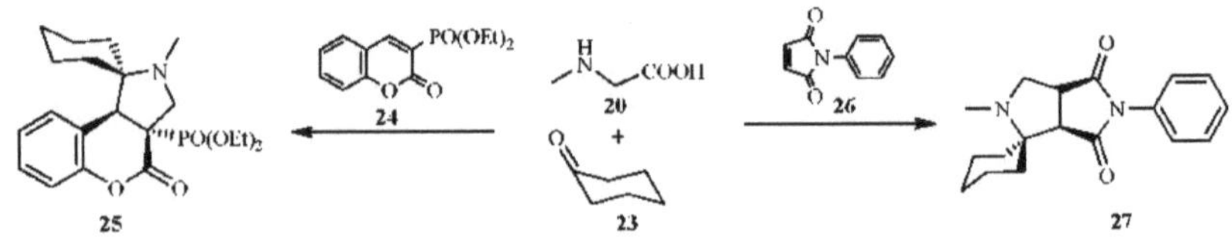

Esquema 9

Purushothaman *et al.*[13] efectuaram a síntese estereosselectiva de pirrolidinas bicíclicas **30** através de reacções de cicloadição intramoleculares de ilídeos azometínicos **29** gerados a partir de aldeídos alquenílicos **28** e aminoácidos secundários, para obter o macrociclo correspondente com rendimento moderado **(Esquema 10)**

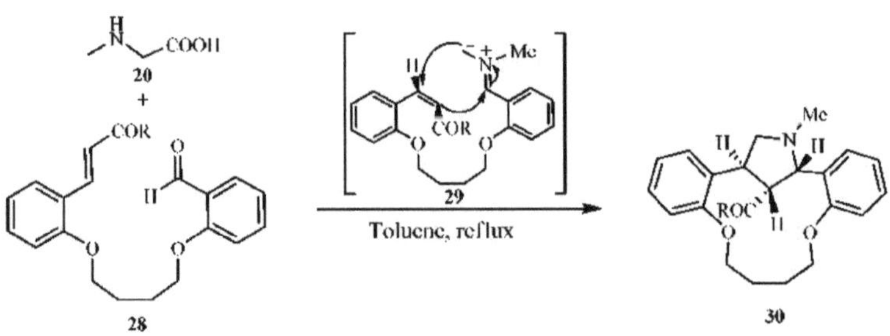

R= OEt, 4-Br-C_6H_4

Esquema 10

Sosnovskikh *et al.* estudaram a síntese diastereoselectiva de 1-benzopirano[2,3-*c*]pirrolidinas **32** *através da* cicloadição 1,3-dipolar do intermediário azometina-ylide não estabilizado gerado *in situ* a partir de sarcosina e paraformaldeído na ligação dupla do sistema cromona **31 (Esquema 11)**.[14]

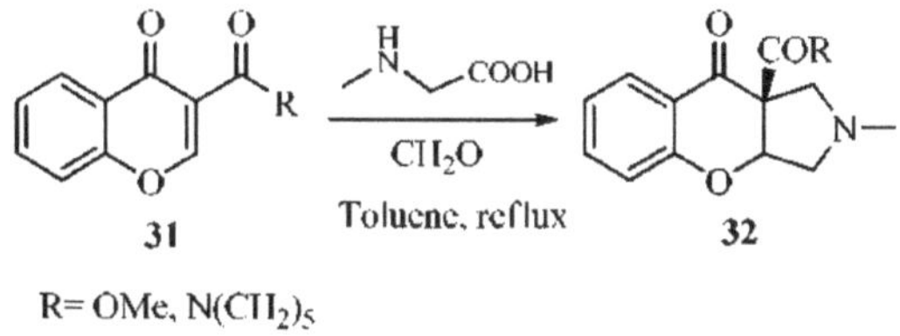

Esquema 11

Yang *et al.* avaliaram a síntese regiosselectiva de três componentes de novos derivados funcionalizados de dispiropirrolizidina **35** através da reação de cicloadição de ylides de azometina gerados a partir de sarcosina **20** e isatina **33** com dipolarófilos activos **34** em condições de reação moderadas.

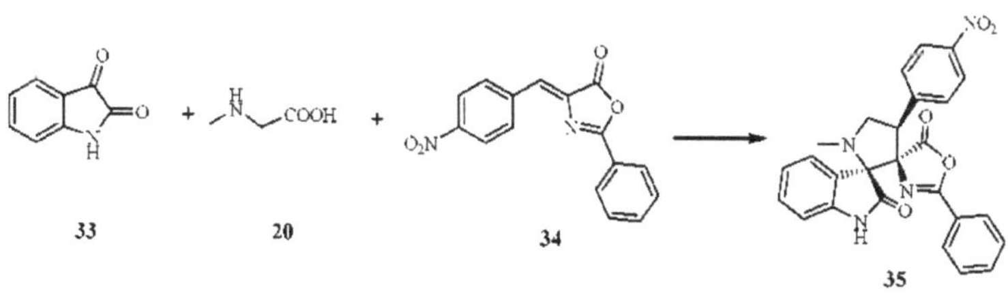

Esquema 12

2.3. Por deslocação prototrópica de iminas:

Uma das desvantagens da metodologia descrita nas secções **2.1** e **2.2** é que utilizava uma amina secundária que pode não estar facilmente disponível e o produto pirrolidina formado após a cicloadição continha necessariamente um grupo *N-alquilo*. Para obter um produto *não substituido em N*, um átomo de hidrogénio deve ser ligado ao átomo de azoto do ylide de azometina, que é produzido a partir de iminas por transferência 1,2-prototrópica (**Esquema 13**).[16,17]

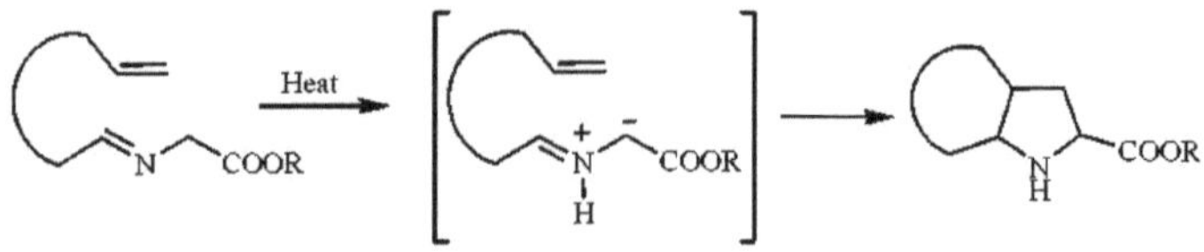

Esquema 13

O estudo extensivo sobre a deslocação 1,2-protrópica foi realizado por Grigg *et al.* que concluíram que esta deslocação pode ser promovida ao aquecer iminas derivadas de aldeídos aromáticos e a-aminoésteres. O azometino ylide gerado sofre então uma cicloadição intramolecular.[18,19] Por exemplo, ao aquecer a imina **36** em xileno, dois aductos diastereoméricos **37** e **38** (**Esquema 14**). A estereoquímica do aduto **38** foi verificada por cristalografia de raios X.

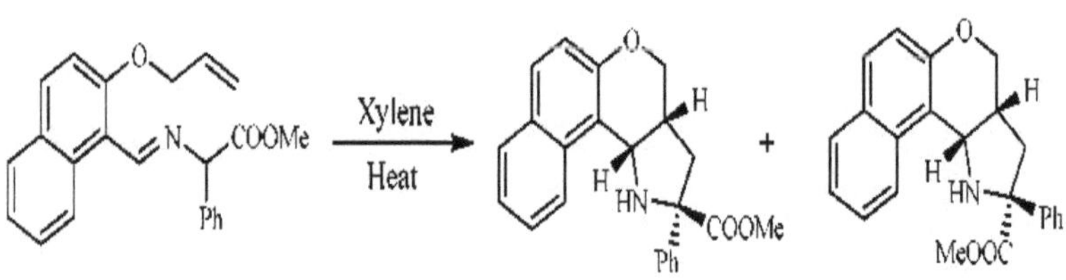

36 37 38

37:38 46:53

Esquema 14

Cabral *et al.* deliberaram as reacções de cicloadição 1,3-dipolar intramolecular de bases de Schiff de azomethine ylides derivados de ésteres metílicos *de S-alilcisteína* **39** levando à síntese de derivados de tieno[3,*4-b*]pirrol com bom rendimento **40** (**Esquema 15**).[20]

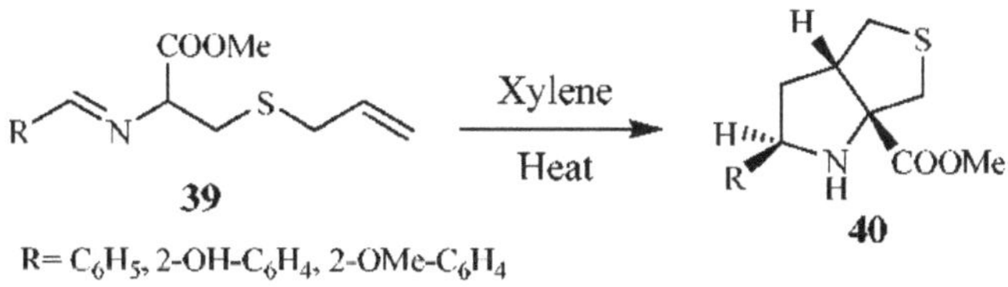

Esquema 15

A síntese de azometina-ilida **42** por isomerização prototrópica de ésteres *de* N-benzidilideneglicina **41**, seguida de cicloadição estereosselectiva com maleimidas *N-substituídas* **43** para obter derivados de pirrolo **44,** foi revelada por Khlebnikov *et al.* **(Esquema 16)**.[21]

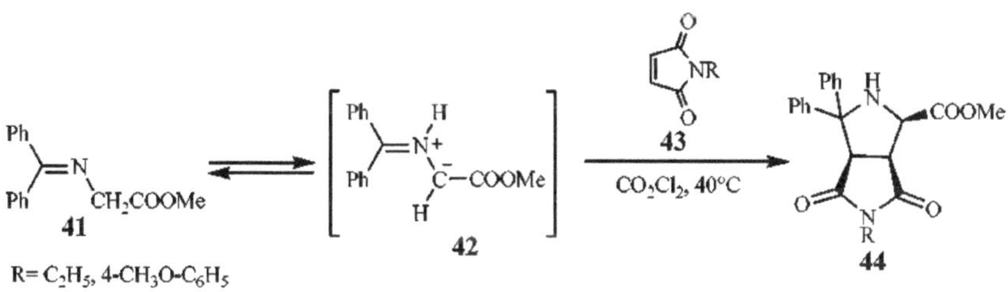

Esquema 16

O composto anticancerígeno roseophilin foi sintetizado por cicloadição intramolecular do ylide derivado da imina **46**, ela própria formada a partir da azida **45** (**Esquema 17**).[22] O produto **47** foi formado em rendimento moderado como um único diastereómero.

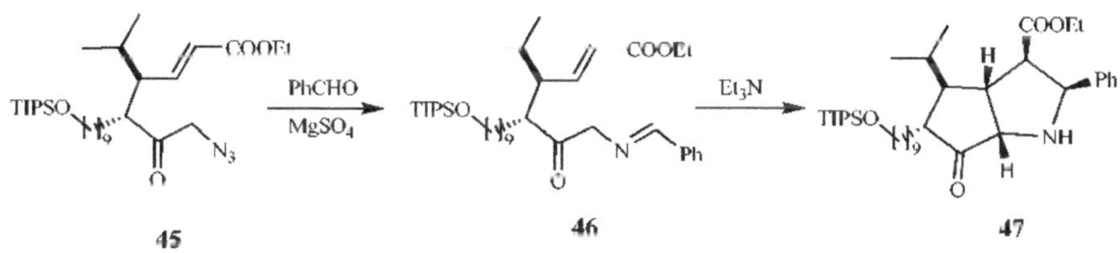

Esquema 17

2.4. Por metalação de imina:

Outro substituto da ativação térmica de iminas para a formação do azometino ylide necessário foi a adição de um sal metálico. Uma imina com um grupo retirador de electrões (EWG) na *posição a* do átomo de azoto foi tratada com um sal metálico e uma base num solvente polar aprótico, como o acetonitrilo (**esquema 18**). A coordenação do átomo de azoto da imina com o metal activou o substrato para desprotonação, dando assim origem ao azometino-ilureto *N-metalado*.

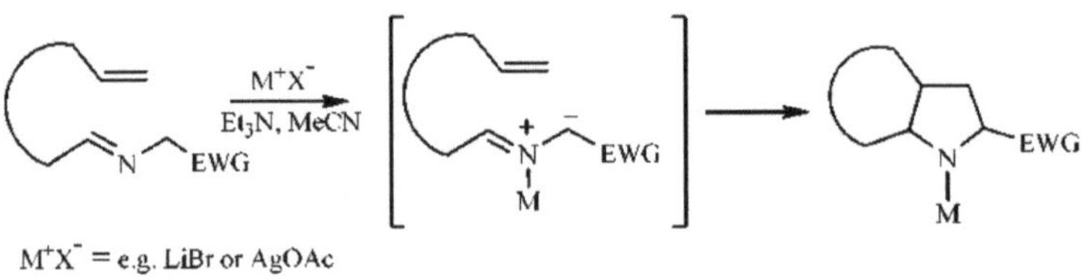

Esquema 18

Em 2003, Chen *et al.* utilizaram pela primeira vez o crotonato *de terc-butilo* e o cinamato *de terc-butilo* como dipolarófilos sem um substituinte ativador na posição *fi*. As endopirrolidinas correspondentes foram obtidas com elevado rendimento e enantioselectividade utilizando AgOAc/Quinap (**51a**) como sistema catalisador (**Esquema 19A**).[23]

Kim *et al. descreveram* recentemente elevadas diastereoselectividades e enantioselectividades utilizando o aminoálcool **51b** derivado da brucina como ligando na reação com o crotonato de metilo **49**. Curiosamente, foi observada uma transformação na enantioselectividade em função da fonte metálica (CuI ou AgOAc; **Esquema 19B**).[24]

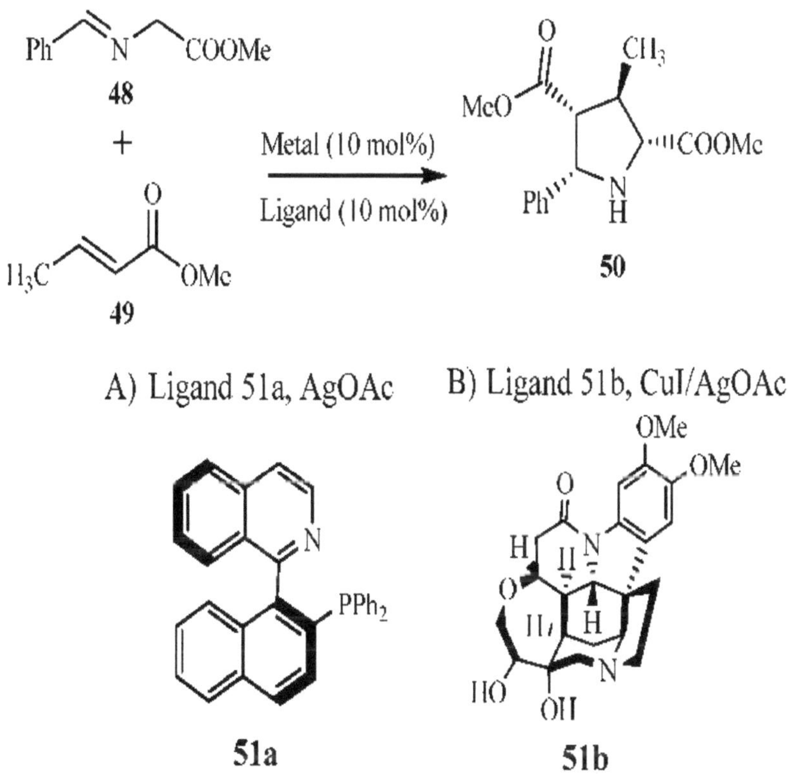

Esquema 19

Oura *et al.* relataram uma reação de cicloadição 1,3-dipolar assimétrica *altamente endo-selectiva* do reagente **52** (a fonte de ylides de azometina) com (*E*)-acíclico-aenonas **53** catalisada por um complexo de prata(I)/Ferrofos. As pirrolidinas *endo-4-acilo* **54** altamente funcionalizadas foram obtidas com bons rendimentos e elevadas enantioselectividades (**Esquema 20**).[25]

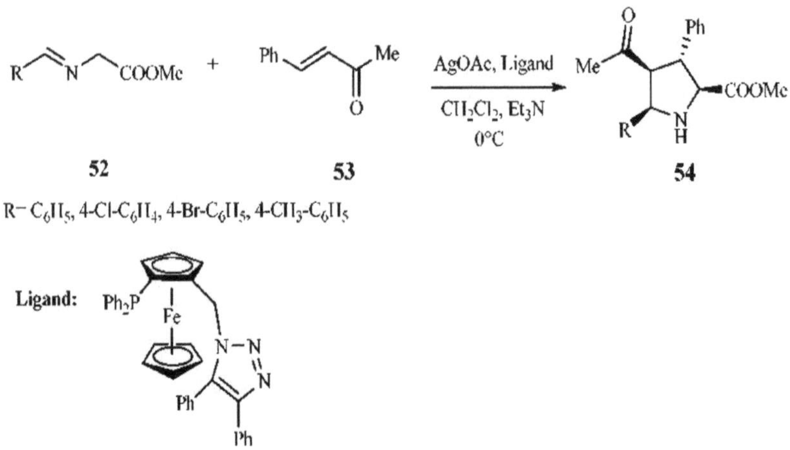

Esquema 20

A cicloadição 1,3-dipolar de azometina-ilídeos com 3-metilen-2-oxoindoles **56** resultou numa síntese fácil de produtos naturais bioactivos **58** com a estrutura de 3,3'-pirrolidinil espirooxoindole, tal como referido por Antonchick *et al.*[26] A combinação de Cu(CH3CN)4PF6 e ferrocenil *P,*N-ligando **59** deu os melhores resultados. Para um bom controlo diastérico e elevadas enantiosselectividades, foi utilizada uma razão molar 2:1 ligando/Cu^I, produzindo as pirrolidinas com um espirocentro quaternário e três centros terciários numa única operação sintética. Para racionalizar o curso da reação, os autores propuseram a participação da interação de ligação de hidrogénio entre o grupo carbonilo do oxindol e o grupo amino do complexo metálico de azometina (**Esquema 21**).

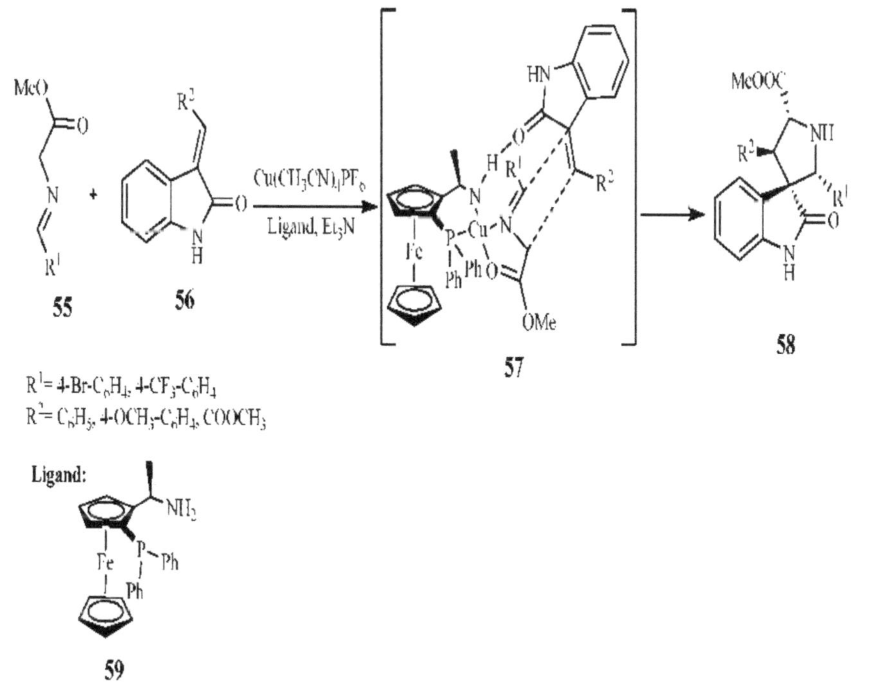

Esquema 21

Além disso, foi explorada uma variedade de organocatalisadores e complexos de Cu(I) (**Figura 3**) para catalisar a reação de cicloadição 1,3-dipolar de ylides de azometina com dipolarófilos substituídos de forma diferente, obtendo-se adutos bicíclicos com elevada enantioselectividade[27-30].

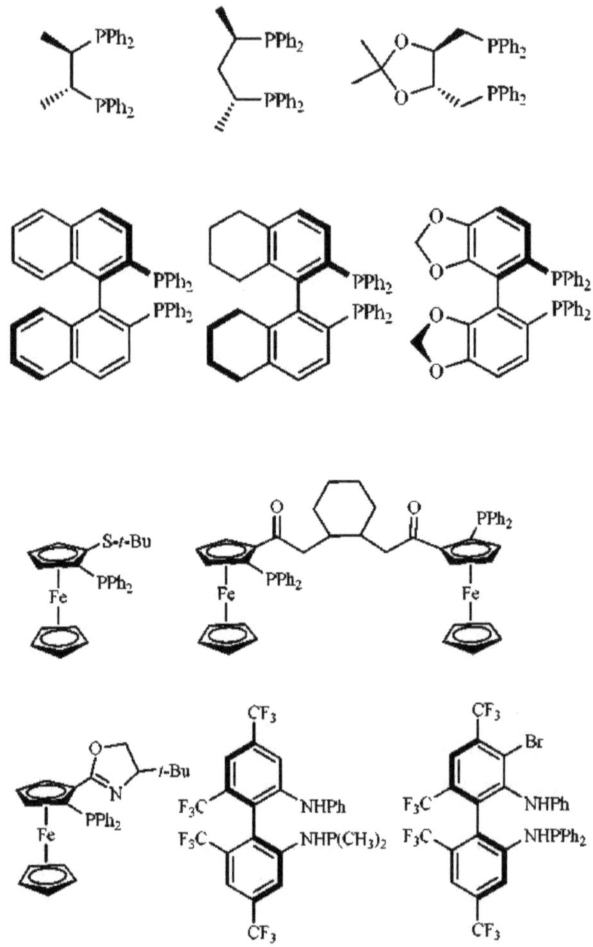

Figura 3

A cicloadição estereoespecífica 1,3-dipolar de azometina ylides derivados do metil a-benzilideno aminoácido **61** a olefinas deficientes em electrões **60** foi catalisada por *L-a* -Aminoácido (ácido L-piroglutâmico e L-prolina) à temperatura ambiente (**Esquema 22**).[31]

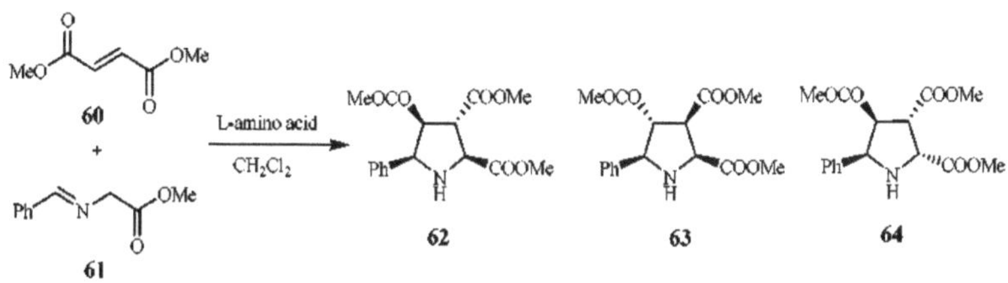

Esquema 22

Dogan *et al.* prepararam derivados de pirrolidina substituídos com ferroceno *através de* cicloadições 1,3-dipolares de ilídeos de azometina catalisadas por dietilzinco.[32,33] Os ilídeos de azometina foram gerados pela "tautomerização de imina" a partir do ferrocenocarboxaldeído **65** e do éster metílico de glicina **66**. A reação decorreu com elevada regio- e estereoselectividade (**Esquema 23**).

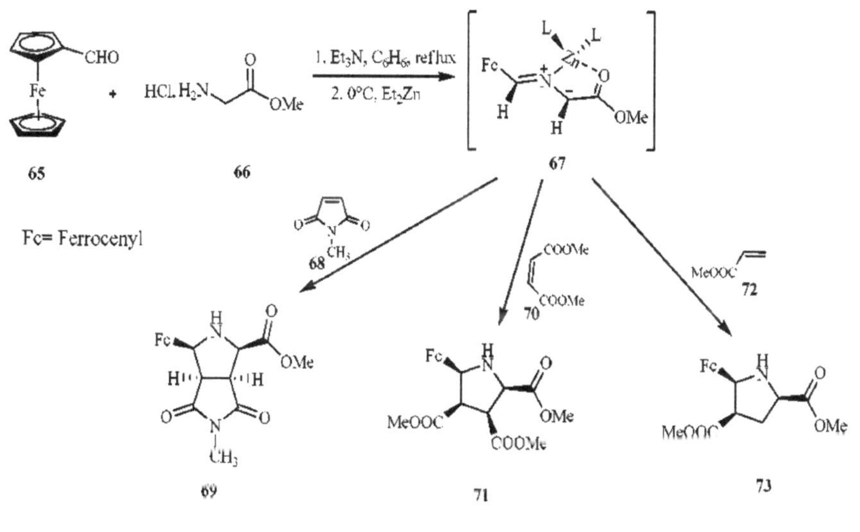

Esquema 23

A quiralidade do fulereno tem um campo florescente na catalisação por cicloadição. Filippone *et al.* relataram recentemente que o metal, juntamente com o C60, catalisava a reação de ylides de azometina derivados de a-iminoésteres **74** em condições de reação muito suaves .[34] Obteve-se um rendimento elevado e uma excelente enantiosselectividade (até 93% ee; **Esquema 24**) utilizando Cu(OTf)2 em combinação com o ligando Fesulphos **77**, levando à formação de adutos (2S, 5S)-cis **75**. Curiosamente, conseguiu-se uma mudança na enantiosselectividade, com a formação do enantiómero (R,R)-aduto **76**, utilizando o sistema de catalisador quiral formado por AgOAc e ligando **78**.

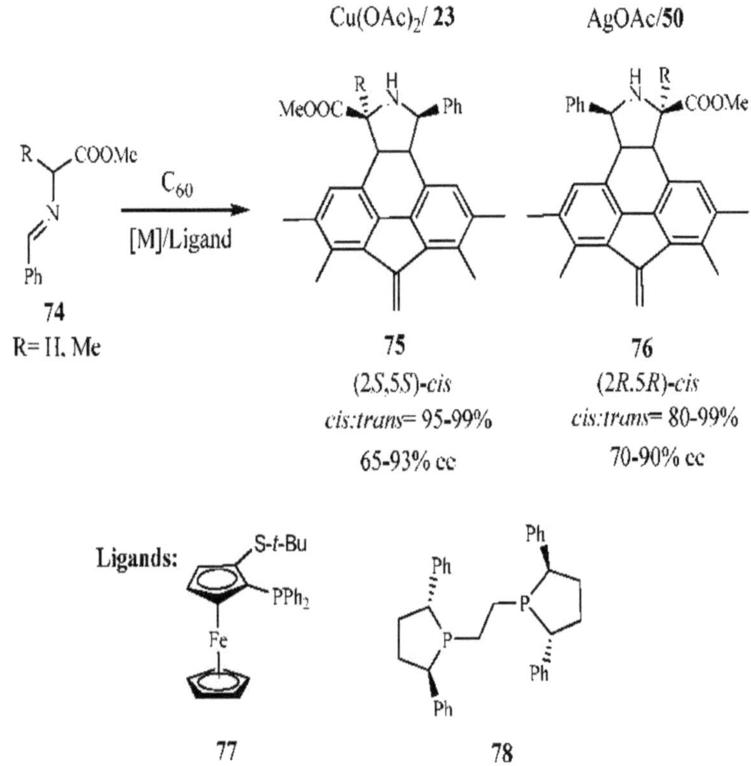

Esquema 24

2.5. Por alquilação de imina:

Outro método para sintetizar azometanos ylides inclui a alquilação do átomo de azoto de uma imina, fornecendo um ião de imínio que, em desprotonação subsequente, fornece o azometano ylide necessário. Deyrup *et al.* estudaram a formação do sal de imínio **231 a** partir da imina aromática e do MeOSO2F, seguido de tratamento com uma base forte (**Esquema 25**).[35] A desprotonação teve lugar no carbono metino do ião imínio **79**. A adição do ylide a outra molécula do ião imínio deu origem ao dímero **80**. Uma outra desprotonação teve então lugar no grupo metilo para dar o ylide de azometina **81** que sofreu então uma cicloadição **82**.

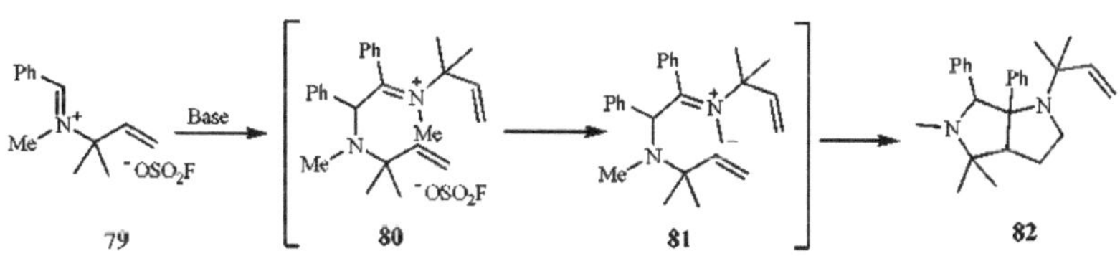

Esquema 25

A cicloadição fortuitamente aventurada produziu os cicloadutos em ponte como resultado da adição do ylide de azometina ao grupo carbonilo do éster em vez da adição ao alceno (**Esquema 26**).[36] A cicloadição intramolecular de um ylide de azometina foi revelada por Voznyi *et al.* [37] Foi estudada uma grande quantidade de exemplos e a reação foi considerada bem sucedida com uma gama de ésteres *a,fl-insaturados* ou aromáticos combinados com *N-aril* ou *N-alquil* iminas para dar os adutos **81**.

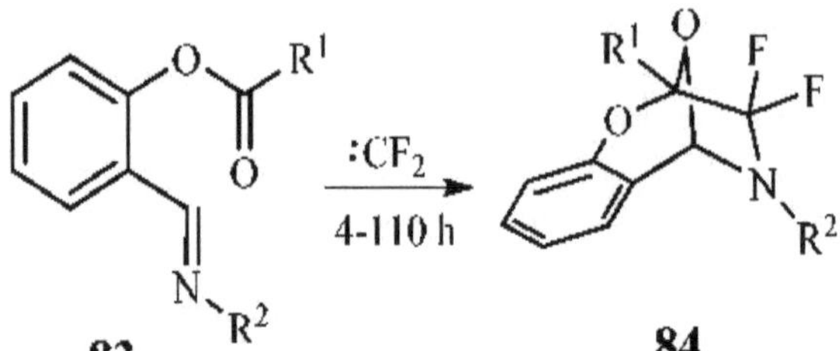

83 **84**

$R^1 = C_6H_5$, $C(Me)=CH_2$, $4\text{-}OMe\text{-}C_6H_4$, $4\text{-}CN\text{-}C_6H_4$
$R^2 = C_6H_5$, $4\text{-}Br\text{-}C_6H_4$, $2,4\text{-}Cl_2\text{-}C_6H_3$

Esquema 26

2.6. Ylides de Aziridinas:

Heine *et al.*, em 1965, relataram pela primeira vez a geração *in situ* de ylide por aquecimento da aziridina **287** e a subsequente cicloadição com dicarboxilato de dietilacetileno em tolueno sob refluxo deu um produto cristalino que se supôs ser a pirrolidina **85** (**Esquema 27**).[38] A hidrólise, seguida de oxidação simultânea, e a descarboxilação com cloroanil do produto intermédio **86**, seguida de oxidação simultânea, deram origem ao pirrol **87**, cujas propriedades físicas eram em tudo idênticas às de uma amostra autêntica.

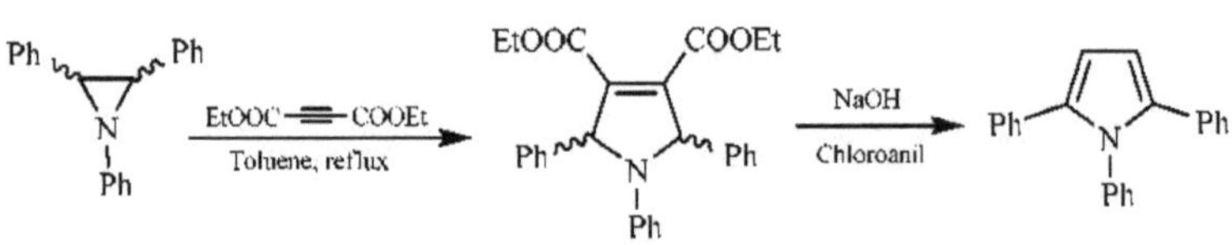

85 **86** **87**

Esquema 27

Danielsson *et al.* estudaram a abertura térmica electrocíclica do anel das aziridinas **88**, gerando ylides azometínicos, que foram submetidos a uma cicloadição com a porção carbonilo de aldeídos com selectividades moderadas a boas para produzir oxazolidinas (**90-92**).[39] As oxazolidinas foram posteriormente hidrolisadas nos álcoois aminados correspondentes, dando o *anti*

95 como produto principal (**Esquema 28**).

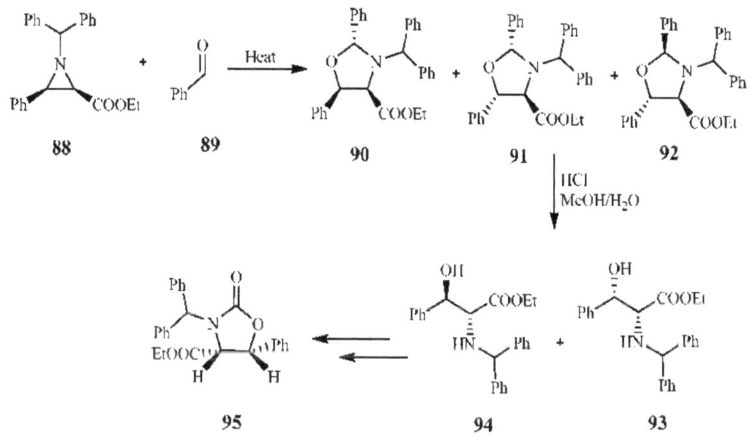

Esquema 28

As N-ftalimidoaziridinas **96** foram submetidas a uma cicloadição térmica intramolecular de múltiplas ligações de substituintes com a formação intermédia de azometina-ilida **97** que resultou na formação de derivados de pirrol **98.** O produto tem um anel de cinco membros adjacente a um anel de cinco ou seis membros (**Esquema 29**).[40]

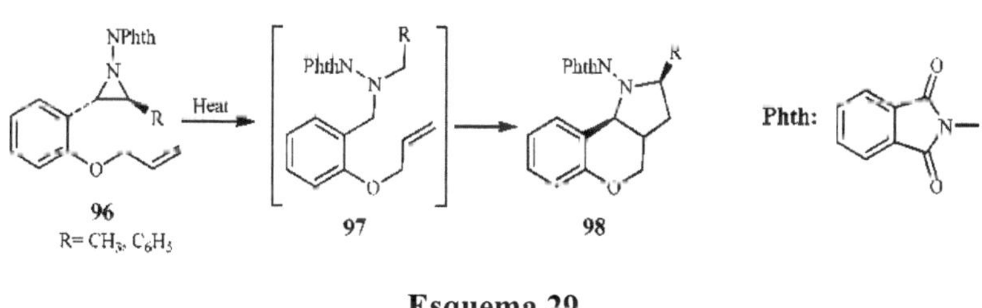

Esquema 29

Konev *et al.* examinaram a síntese de N-arilpirrolofullerenos **101** 2',5'-

dissubstituídos a partir de aziridinas e fulereno C60 por via estereosselectiva.[41] O passo-chave inclui a geração de ylides de azometina por aquecimento de aziridinedicarboxilatos de dialquilo **99** e a reação de cicloadição 1,3-dipolar com fulereno. A formação de azometina-ilida **100** por abertura térmica do anel aziridina e a sua cicloadição ao C_{60} foram completamente estereosselectivas (**Esquema 30**).

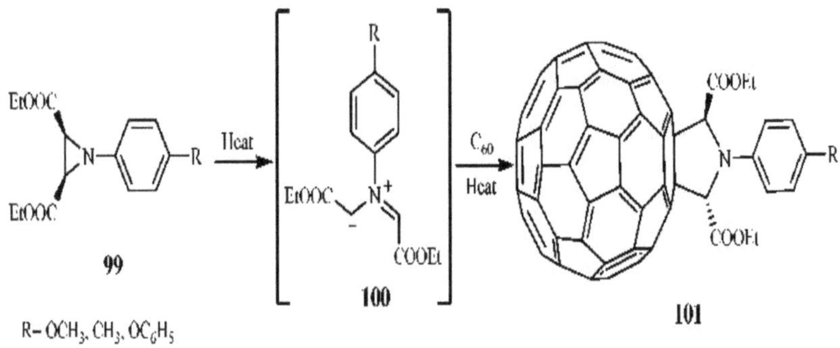

Esquema 30

Os estudos pioneiros sobre a policicloadição de ilídeos de azometina a dipolarófilos foram também examinados por Konev *et al.* A poliadição selectiva teve lugar utilizando a (cis, cis)-bis-aziridina **102** como precursor do ilídeo de azometina, que conduziu a oligómeros com anéis de pirrolidina trans-substituídos **105 (Esquema 31).**[42]

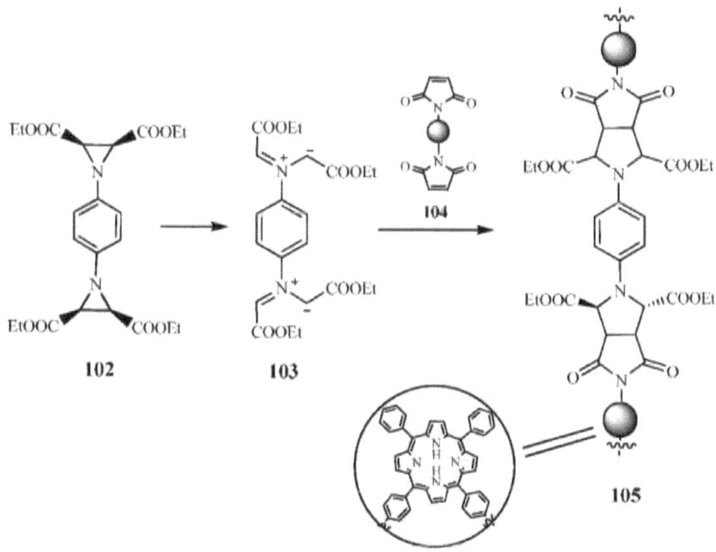

Esquema 31

2.7. De Isoxazolinas:

Baldwin *et al.* foram pioneiros na síntese de azometina ylide a partir do rearranjo de isoxazolinas, utilizando a aziridina **107**, derivada do rearranjo térmico da 4-isoxazolina **106**, que sofreu pirólise para dar a 4-oxazolina **109**, presumivelmente *através da* azometina ylide **108** (**Esquema 32**).[43]

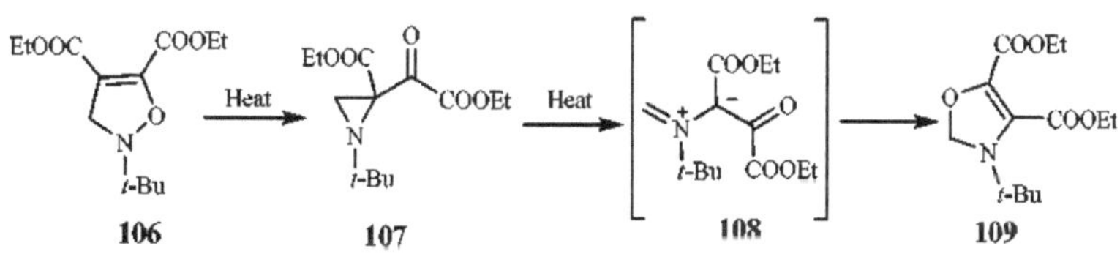

Esquema 32

A reação dos nitrões acíclicos **110** em reação com o dimetilacetilenodicarboxilato (DMAD) deu origem a isoxazolinas estáveis **111** que, em refluxo em tolueno, foram convertidas nos correspondentes ylides azometínicos estáveis **113**, tal como estudado por Coskun *et al.*(**Esquema 33**).[44]

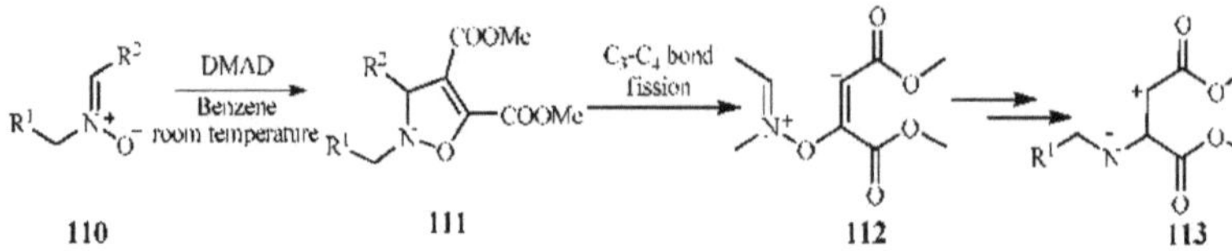

Esquema 33

Lopes *et al.* delinearam a cicloadição 1,3-dipolar de nitrões **115** gerados a partir de alenoatos **114**, resultando na formação de 4-isoxazolinas **116** e no seu subsequente rearranjo térmico para pirrolos **121 (Esquema 34)**.[45] Cálculos de química quântica indicaram a favorabilidade do rearranjo do sistema parental (4-isoxazolina) para heterociclos de cinco membros *através de* intermediários azometina-ilida **118** originados pela abertura do anel de 2-acilaziridinas **117**.

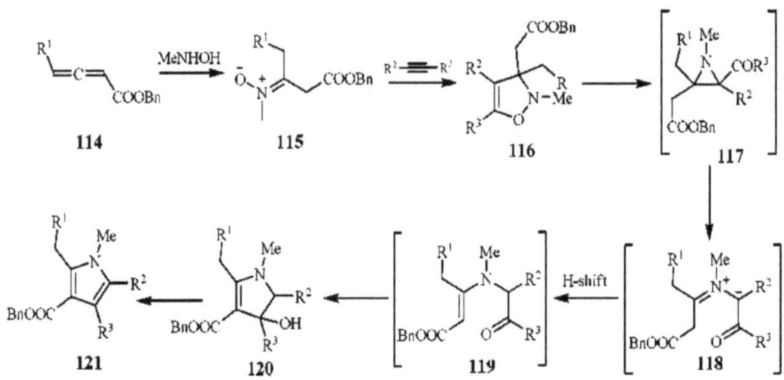

Esquema 34

2.8. Ylides de 1,3-oxazolium-5-oxides:

Sabe-se que os 5-óxidos de 1,3-oxazólio, também designados por Munchnones, se comportam como azometina-ilídeos cíclicos e podem sofrer reacções de cicloadição 1,3-dipolar com alcinos e alcenos para formar pirrolos e pirrolinas, respetivamente, através de síntese descarboxilativa.[46,47] Foram normalmente sintetizados por aquecimento de anidridos ácidos simétricos com derivados de aminoácidos **122** (**Esquema 35**).

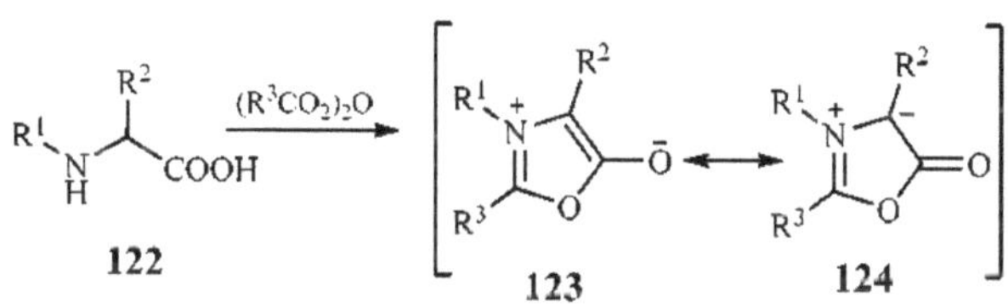

Esquema 35

O primeiro relato publicado de uma cicloadição 1,3-dipolar intramolecular utilizando tais heterociclos envolveu o aquecimento da *N*-(2-alilfenil) alanina **125** com anidrido acético para formar a munchnona **126** por Padwa *et al.*[48,49] Este intermediário transitório reagiu com o alceno anexado para formar a oxazoloquinolinona **127** (**Esquema 36**), uma transformação até então desconhecida que foi interessante porque a munchnona tinha sofrido uma cicloadição 1,3-dipolar interna regiosselectiva com um alceno não ativado, em que os elementos de dióxido de carbono ainda estavam presentes no cicloaduto.

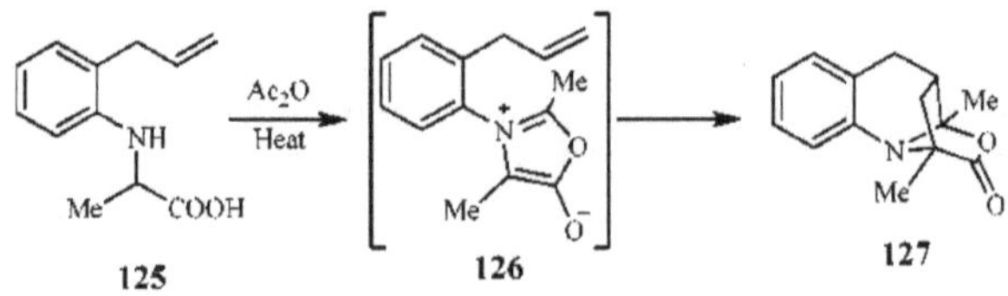

Esquema 36

2.9. Ylides de Piridinas e Pirazinas:

Os ylides azometínicos derivados de sais de piridínio ou pirazínio *N-Substituídos* podem ser utilizados para gerar moléculas heterocíclicas complexas. Katritzky *et al.* estudaram as cicloadições 1,3-dipolares de benzotriazolmetiletos de piridínio **129** com etilenos **130** e acetilenos **133**, resultando na formação de indolizinas **132 (Esquema 37)**. Não foi necessário qualquer oxidante e os substituintes nas posições 2,3 do anel da indolizina não se limitaram a grupos retiradores de electrões.

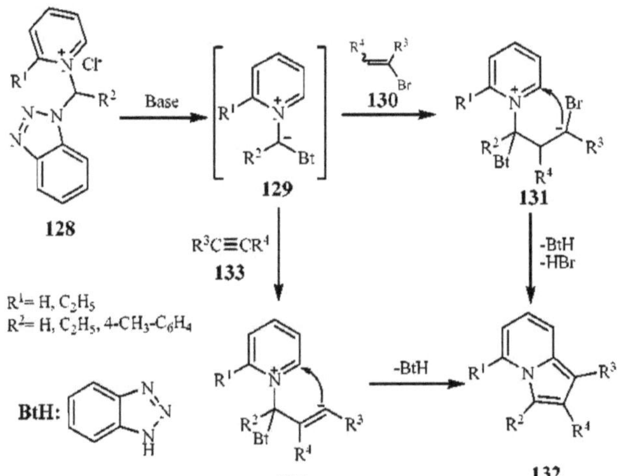

Esquema 37

Jaung *et al.* estudaram o intermediário piridínio azometina ylide **138** geração e suas subsequentes reacções de cicloadição 1,3-dipolar com dipolarófilos para fornecer indolizinas **139** contendo 5,6-dicianopirazina (**Esquema 38**).[51]

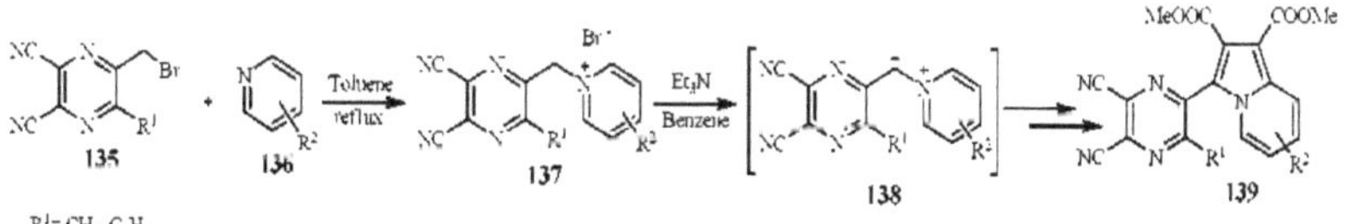

$R^1 = CH_3, C_6H_5$
$R^2 = H, 2\text{-}CH_3, 4\text{-}CH_3$

Esquema 38

Capítulo 3

Significado biológico e aplicação sintética de pirrolidinas

Devido à importante via para a construção de heterociclos de cinco membros contendo azoto, a química dos ylides de azometina ganhou importância nos últimos anos. A reação de cicloadição 1,3-dipolar de azometina-ilida com olefina oferece uma via conveniente de um passo para a construção de derivados de pirrolidina com centros estereogénicos, devido à natureza concertada da reação.[1-3] As pirrolidinas altamente substituídas ganharam grande destaque, uma vez que constituem o esqueleto central de muitos produtos naturais.[4] Os heterociclos contendo azoto formaram o esqueleto básico de numerosos alcalóides e agentes terapêuticos; os alcalóides pirrolidina, pirrolizidina e oxindol constituíram uma classe de compostos com atividade biológica significativa.[5,6] O sistema de anéis espiro[pirrolidina/oxindole] é comum à maioria dos alcalóides oxindólicos.[7] A espirotriprostatina A e a espirotriprostatina B possuem esqueletos espiropirrolidinil-oxindólicos.[8] Uma pesquisa bibliográfica mais aprofundada revelou também que vários derivados da pirrolidina possuíam diversas actividades biológicas, tais como actividades antibacterianas, antifúngicas, anti-HIV, antimicobacterianas, anticancerígenas, anti-inflamatórias e anticonvulsivantes, como se descreve a seguir.

Babu *et al.* delinearam o comportamento antimicrobiano de novas dispiro-oxindolopirrolidinas **141** e correlacionaram-no com os cálculos de acoplamento efectuados na proteína S12 da subunidade ribossómica 30S (**Esquema 39**).[9]

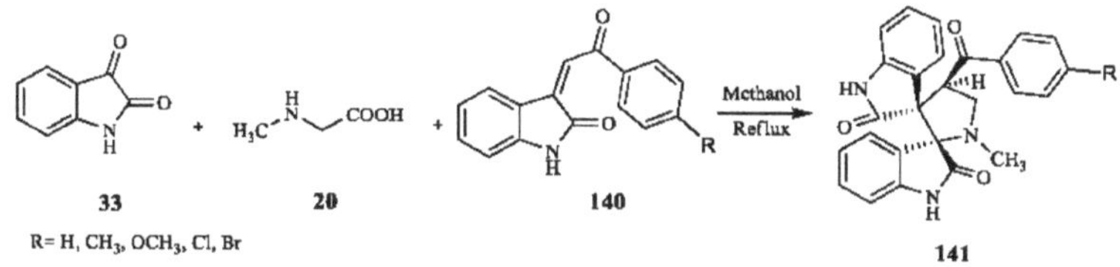

Esquema 39

Revelaram também as propriedades antimicrobianas das dispirooxindolopirrolizidinas **144** sintetizadas regiosselectivamente *através da* reação de cicloadição 1,3-dipolar de azometina-ilida derivados da isatina **33** e da prolina **142** com 2-arilideno-1,3-indanodionas **143** sob irradiação de micro-ondas (**Esquema 40**). Foram efectuados estudos cristalográficos de raios X para confirmar a estrutura e o resultado regioquímico da reação de cicloadição.[10]

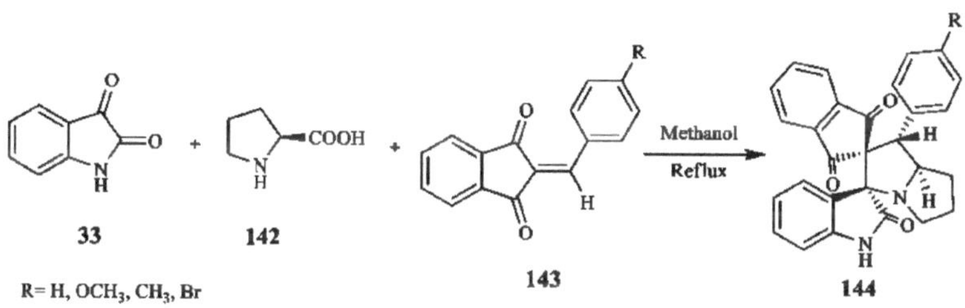

Esquema 40

Uma série de novos derivados de dispiropirrolidina **148** foi sintetizada por Periyasami *et al.* através da reação de cicloadição 1,3-dipolar do ylide de azometina gerado a partir da sarcosina e da fração de dicetona **145** com o dipolarófilo 2-arilidina-1-ceto-carbazóis **147** e os cicloadutos cetocarbazalo espiro *N-metil* pirrolidinas mostraram a atividade antimicrobiana mais interessante a uma concentração mais baixa

(**Esquema 41**).[11]

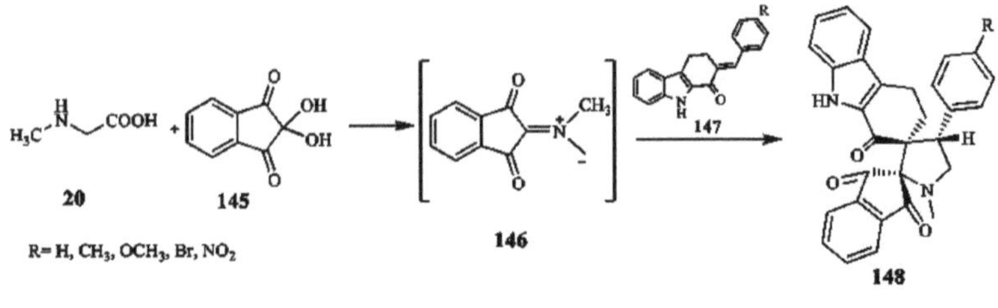

Esquema 41

Bhaskar *et al.* sintetizaram uma série de novos espiroxindoles **151** utilizando sarcosina, derivados de isatina **149** e 1,4-naftoquinona **150**, seguidos de desidrogenação dos cicloadutos sintetizados (**Esquema 42**).[12] Todos os compostos sintetizados foram avaliados quanto às suas actividades antimicrobianas contra oito bactérias e três fungos.

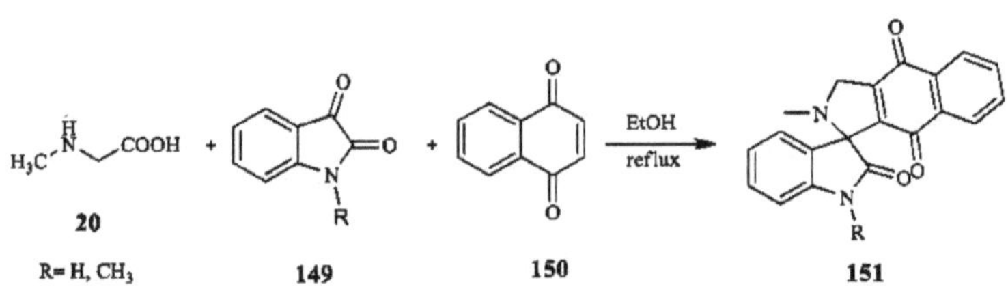

Esquema 42

Os espiro-heterociclos **154** com diferentes substituições, contendo a fração pirrolidina, foram sintetizados por Vithiya *et al. através da* reação de cicloadição 1,3-dipolar intermolecular de ilídeos azometínicos **152**, gerados por via de descarboxilação, com a fração semicarbazona **153** como dipolares. (**Esquema 43**).[13] A atividade antimicrobiana foi realizada para todos os compostos sintetizados e a atividade significativa do composto mais ativo foi atribuída à presença de anéis aromáticos e da fração pirrolidina.

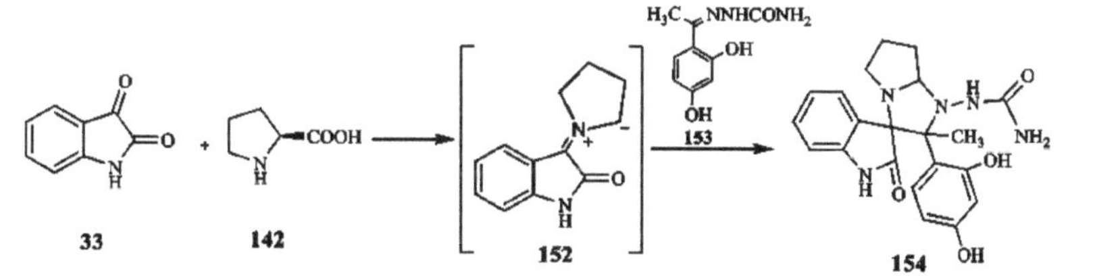

Esquema 43

Arumugam *et al.* também descobriram que as espiropirrolizidinas **157** substituídas por *fi-lactama* apresentam uma atividade antibacteriana relativamente boa, mesmo em concentrações mais baixas, contra muitos agentes patogénicos bacterianos humanos (**Esquema 44**).[14]

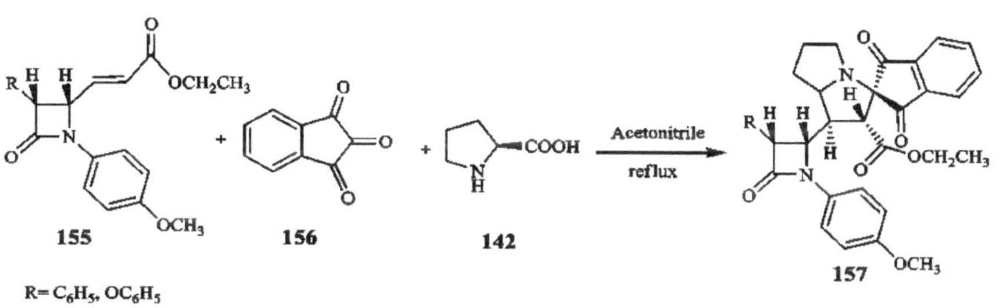

Esquema 44

Ali *et al.* **referiram** que os análogos do pirrolotiazoliloxindole partilhavam propriedades farmacológicas vitais que foram consideradas úteis na doença de Alzheimer (**Esquema 45**).[15] Verificou-se que a síntese fácil destes compostos num único local era menos difícil e dispendiosa do que a do donepezil. Muitos deles possuíam uma atividade anticolinesterásica muito elevada em concentrações submicromolares. Em particular, os compostos com grupo nitro no anel piridina foram considerados os mais potentes do que outros análogos com substituições.

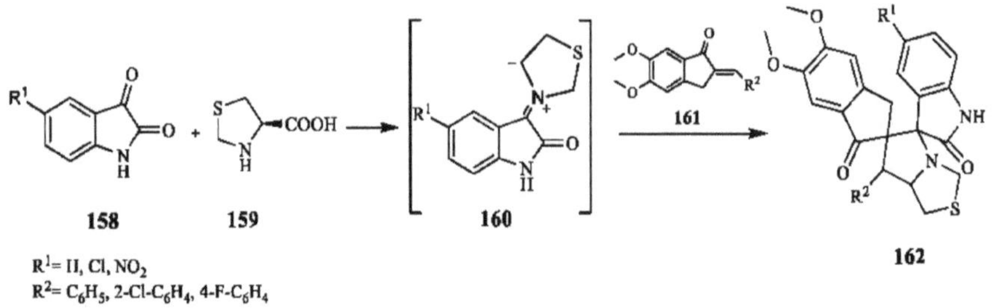

Esquema 45

A atividade antitumoral das dispiro-[*1H-indeno-2*,3'-pirrolidina-2',3''-[*3H*]-indol]- 1,2''(1''H)-dionas **166** geradas através de reacções de cicloadição 1,3-dipolar regiosselectivas de 2-(arilmetileno)-2,3-dihidro-1H-indeno-1-onas **165** com ilídeos azometínicos não estabilizados **164**, gerados *in situ através da* condensação descarboxilativa de isatinas e sarcosina, foi avaliada por A. S. Girgis (**Esquema 46**).[16] Todos os compostos testados apresentaram uma atividade antitumoral promissora contra a linha celular SK-MEL-2 (melanoma).

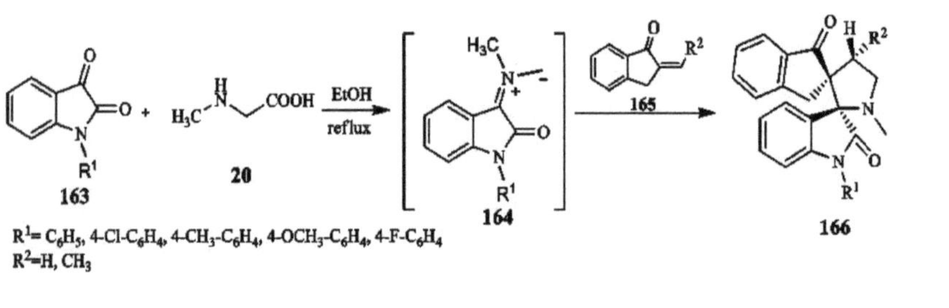

Esquema 46

Arun *et al.* também avaliaram a atividade anticancerígena dos derivados de dispirooxindole-pirrolidina **169** sintetizados através da cicloadição de um ylide de azometina com o dipolarófilo 3-(*1H-indol-3-il*)-3-oxo-2-(2-oxoindolin-3-ilideno)propanenitrilo **168**, contra linhas celulares de cancro de adenocarcinoma do pulmão humano A549 (**Esquema 47**).[17]

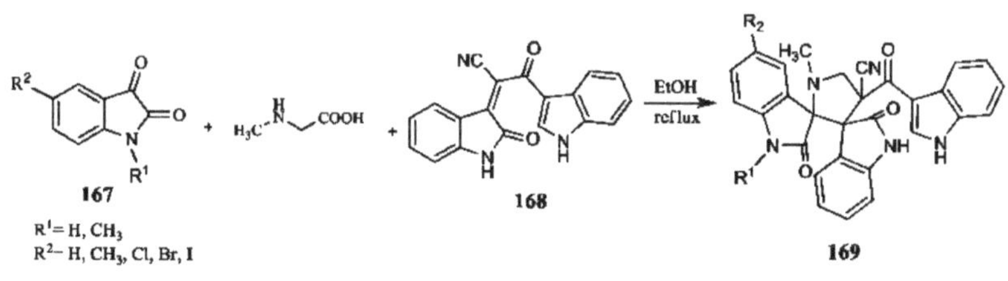

Esquema 47

Hussein *et al.* avaliaram a atividade anti-inflamatória *in vivo* das dispiro[pirazolidina- 4,3'-pirrolidina-2',3''-indolina]-2'',3,5-trionas **173** (**Esquema 48**). Muitos dos compostos preparados revelaram actividades significativas em relação à indometacina, que foi utilizada como padrão de referência neste estudo.[18,19]

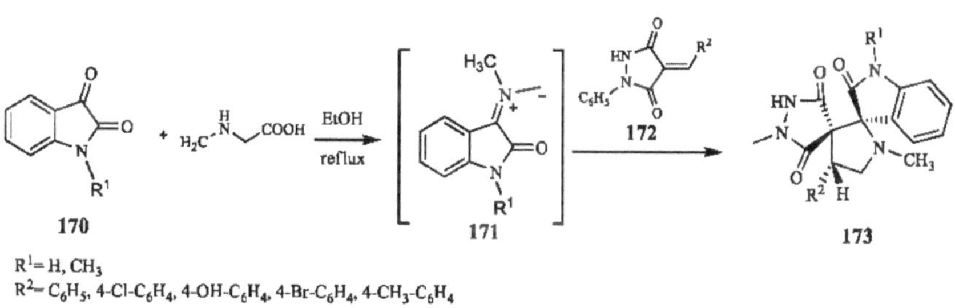

Esquema 48

Kumar *et al.* utilizaram um procedimento de irradiação por micro-ondas sem solventes para sintetizar 1-metil-3 [(*E*)-arilmetilideno]tetra-hidro-4(*1H*)-piridinonas **174** que, após cicloadição com ylides de azometina, produziram estereosselectivamente novas espiro-pirrolizidinas **176** e pirrolidinas **177, 178.** Os estudos antimicobacterianos foram realizados sobre elas e verificou-se que eram activas contra *Mycobacterium tuberculosis* H37Rv (MTB), *Mycobacterium tuberculosis* multirresistente (MDR-TB) e *Mycobacterium smegmatis* (**Esquema 49**).[20]

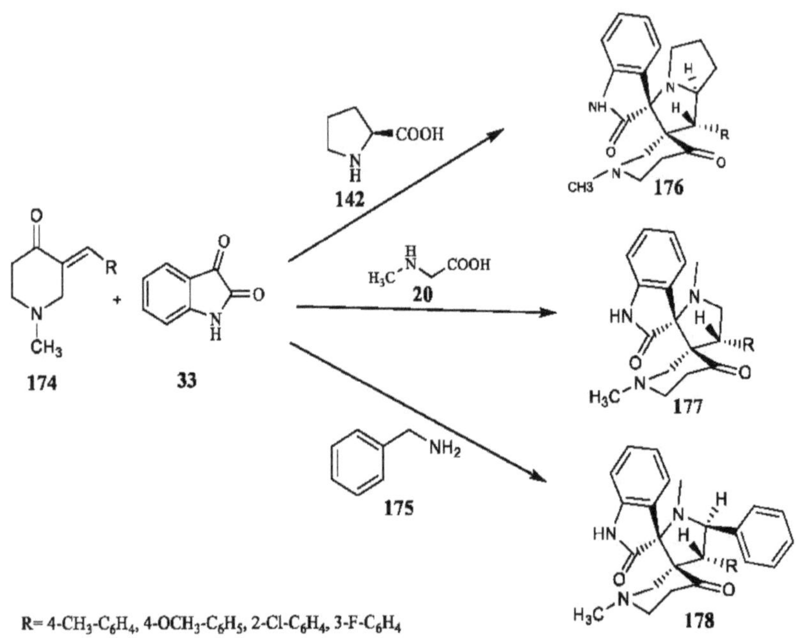

Esquema 49

Da mesma forma, a atividade *in vitro* contra o *Mycobacterium tuberculosis* H37Rv foi realizada numa série de espiro-pirrolotiazoliloxindoles **181** utilizando o método de diluição em ágar e verificou-se que alguns dos compostos sintetizados eram mais activos do que o medicamento padrão etambutol (**Esquema 50**).[21]

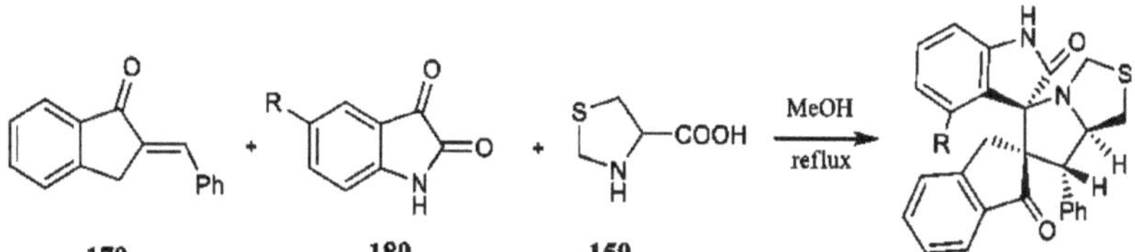

179

R= H, NO_2, Cl

180

159

181

Esquema 50

Foi efectuada a cicloadição 1,3-dipolar one-pot de três componentes de azometina-ylides **182** (gerados *in situ a* partir da reação de aldeídos aromáticos e ésteres metílicos de a-aminoácidos) com N-fenilmaleimida **183** para sintetizar 3,7-diazabiciclo[3.3.0]octanos **184** que apresentaram uma atividade antioxidante significativa (DPPH; 2,2- difenil-1-picrilhidrazil e SOD; ensaios de superóxido dismutase) (**Esquema 51**).[22]

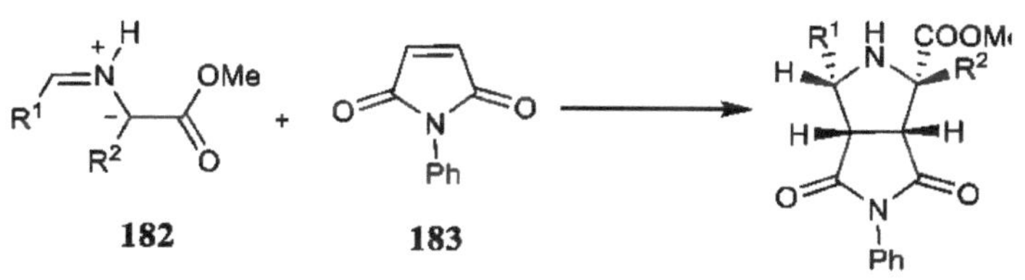

182

R^1= CH_2-C_6H_5, furyl
R^2= H, CH_2-C_6H_5

183

184

Esquema 51

Referências

H. Pellissier, *Tetrahedron*, **2007,** *63,* 3235.

Grundmann, C., Grunanger, P. *The Nitrile Oxides*, Springer: Nova Iorque, **1971**.

Gothelf, K. V.; Jorgensen, K. A. *Chem. Rev.* **1998,** *98*, 863.

Bonin, M.; Chauveau, A.; Micouin, L. *Synlett.* **2006**, 2349.

Kanemasa, S. *Synlett.* **2002,** 1371.

Broggini, G.; Molteni, G.; Terraneo, A.; Zecchi, G. *Heterocycles* **2003,** *59,* 823.

Koumbis, A. E.; Gallos, J. K. *Curr. Org. Chem.* **2003,** *7*, 771.

Coldham, I.; Hufton, R. *Chem. Rev.* **2005,** *105,* 2765.

Husinec, S.; Savic, V. *Tetrahedron: Asymmetry* **2005,** *16*, 2047.

Hodgson, D. M.; Pierard, F. Y. T. M.; Stupple, P. A. *Chem. Soc. Rev.* **2001,** *30,* 50.

Liddell, J. R. *Nat. Prod. Rep.* **1997,** *14,* 653.

Tufariello, J. J. *Acc. Chem. Res.* **1979,** *12,* 396.

Alvarez-Corral, M.; Munoz-Dorado, M.; Rodriguez-Garcia, I. *Chem. Rev.* **2008,** *108,* 3174.

Ohta, A.; Dahl, K.; Raab, R.; Geittner, J.; Huisgen, R. *Helv. Chim. Ata.* **2008,** *91,* 783.

Zhu, J.; Lines, B. M.; Ganton, M. D.; Kerr, M. A.; Workentin, M. S. *J. Org. Chem.* **2008,** *73,* 1099.

Raj, A. A.; Raghunathan, R. *Tetrahedron* **2001**, *57,* 10293.

Tufariello, J. J.; Meckler, H.; Senaratana, A. *Tetrahedron* **1985***, 41,* 3447.

Jeong, H. J.; Lee, J. M.; Kim, M. K.; Lee, S. G. *J. Heterocyclic Chem.* **2009**, *39,* 1019.

Pearson, W. H. *Pure Appl. Chem.* **2002**, *74*, 1339.

Galliford, C. V.; Scheidt, K. A. *Angew. Chem. Int. Ed.* **2007**, *46*, 8748.

Huisgen, R. *1,3-Dipolar Cycloaddition Chemistry,* Padwa, A., Ed.; Wiley: New York, **1984**.

Woodward, R. B.; Hoffmann, R. *The Conservation of Orbital Symmetry*, Verlag Chemie: Weinheim, Alemanha, **1970**.

Firestone, R. A. *Tetrahedron* **1977,** *33,* 3009.

Tsuge, O.; Kanemasa, S. *Advances in Heterocyclic Chemistry,* Katritzky, A., Ed.; Academic Press: Londres, **1989**.

Harwood, L. M.; Vickers, R. J. *Synthetic Applications of 1,3-Dipolar Cycloaddition Chemistry Toward Heterocycles and Natural Products,* Padwa, A., Pearson, W. H., Eds.; Wiley: Nova Iorque, **2003**

Confalone, P. N.; Huie, E. M. *J. Org. Chem.* **1983**, *48*, 2994.

Confalone, P. N.; Huie, E. M. *J. Am. Chem. Soc.* **1984**, *106*, 7175.

Confalone, P. N.; Earl, R. A. *Tetrahedron Lett.* **1986**, *27*, 2695.

Cheng, M. N.; Wang, H.; Gong, L. Z. *Org. Lett.* **2011**, *13*, 2418.

He, L.; Chen, X. H.; Wang, D. N.; Luo, S. W.; Zhang, W. Q.; Yu, J.; Ren,

L.; Gong, L. Z.

J. Am. Chem. Soc. **2011**, *133*, 13504.

Grigg, R.; Thianpatanagul, S. *J. Chem. Soc., Chem. Commun.* **1984**, 180.

Grigg, R.; Aly, M. F.; Sridharan, V.; Thianpatanagul, S. *J. Chem. Soc., Chem. Commun.* **1984**, 182.

Ardill, H.; Grigg, R.; Sridharan, V.; Surendrakumar, S. *Tetrahedron* **1988**, *44*, 4953.

Sirisha, N.; Raghunathan, R. *Tetrahedron Lett.* **2010**, *51*, 2515.

Moshkin, V. S.; Sosnovskikh, V. Y.; Roschenthaler, G. V. *Tetrahedron Lett.* **2012**, *53*, 3568.

Purushothaman, S.; Prasanna, R.; Raghunathan, R. *Tetrahedron Lett.* **2013**, *54,* 6450.

Sosnovskikh, V. Y.; Kornev, M. Y.; Moshkin, V. S. *Tetrahedron Lett.* **2014**, *55*, 212.

Yang, J. M.; Hu, Y.; Li, Q.; Yu, F.; Cao, J.; Fang, D.; Huang, Z. B.; Shi, D. Q. *Comb. Sci.* **2014**, *16*, 139.

Grigg, R. *Chem. Soc. Rev.* **1987**, *16*, 89.

Grigg, R.; Sridharan, V. *Advances in Cycloaddition*; Curran, D. P., Ed.; JAI Press: Londres, **1993**.

Grigg, R.; Jordan, M.; Malone, J. F. *Tetrahedron Lett.* **1979**, *20*, 3877.

Armstrong, P.; Grigg, R.; Jordan, M. W.; Malone, J. F. *Tetrahedron* **1985**, *41*, 3547.

Cabral, A. M. T. D. P. V.; Gonsalves, A. M. R.; Melo, T. M. V. D. P.

Molecules **1998**, *3*,

60.

Khlebnikov, F.; Novikov, M. S.; Khlebnikov, V. A.; Kostikov, R. R. *Russ. J. Org. Chem.* **2001,** *37,* 507.

Viseux, E. M. E.; Parsons, P. J.; Pavey, J. B. J.; Carter, C. M.; Pinto, I. *Synlett.* **2003**, 1856.

Chen, C.; Li, X.; Schreiber, S. L.; *J. Am. Chem. Soc.* **2003**, *125*, 10174.

Kim, H. Y.; Shih, H. Y.; Knabe, W. E.; Oh, K. *Angew. Chem. Int. Ed.* **2009**, *48*, 7420.

Oura, I.; Shimizu, K.; Ogata, K.; Fukuzawa, S. I. *Org. Lett.* **2010**, *12*, 1752.

Antonchick, A. P.; Gerding-Reimers, C.; Catarinella, M.; Schurmann, M.; Preut, H.; Ziegler, S.; Rauh, R.; Waldmann, H. *Nat. Chem.* **2010**, *2*, 735.

Oderaotoshi, Y.; Cheng, W.; Fujitomi, S.; Kasano, Y.; Minakata, S.; Komatsu, M. *Org. Lett.* **2003**, *5*, 5043.

Cabrera, S.; Arrayas, R. G.; Carretero, J. C. *J. Am. Chem. Soc.* **2005**, *127*, 16394.

Gao, W.; Zhang, X.; Raghunath, M. *Org. Lett.* **2005**, *7*, 4241.

Wang, C. J.; G.; Xue, Z. Y.; Gao, F. *J. Am. Chem. Soc.* **2008**, *130*, 17250.

Kudryavtsev, K. V., Zagulyaeva, A. A. *Russ. J. Org. Chem.* **2008,** *44,* 384.

Dogan, O.; Koyuncu, H. *J. Organomet. Chem.* **2001**, *631*, 135.

Dogan, O.; Koyuncu, H.; Khan, U. *Turk. J. Chem.* **2001**, *25*, 365.

Filippone, S.; Maroto, E. E.; Martin-Domenech, A.; Suarez, M.; Martin, N. *Nat. Chem.* **2009**, *1*, 578.

Deyrup, C. L.; Deyrup, J. A.; Hamilton, M. *Tetrahedron Lett.* **1977**, *18*, 3437.

Novikov, M. S.; Voznyi, I. V.; Khlebnikov, A. F.; Kopf, J.; Kostikov, R. R. *J. Chem. Soc., Perkin Trans.1* **2002**, 1628.

Voznyi, I. V.; Novikov, M. S.; Khlebnikov, A. F.; Kopf, J.; Kostikov, R. R. *Russ. J. Org. Chem.* **2004**, *40*, 199.

Heine, H. W.; Peavy, R. *Tetrahedron Lett.* **1965**, *6*, 3123.

Danielsson, J.; Toom, L.; Somfai, P. *Eur. J. Org. Chem.* **2011**, 607.

Kuznetsov, M. A.; Pankova, A. S.; Voronin, V. V.; Vlasenko, N. A. *Chem. Heterocycl. Compd.* **2012**, *47,* 1353.

Konev, A. S.; Mitichkina, A. A.; Khlebnikov, A. F.; Frauendorf, H. *Russ. Chem. Bull.* **2012**, *61*, 863.

Konev, A. S.; Lukyanov, D. A.; Vlasov, P. S.; Levin, O. V.; Virtsev, A. A.; Kislyakov, I. M.; Khlebnikov, A. F. *Macromol. Chem. Phys.* **2014**, *215*, 516.

Baldwin, J. E.; Pudussery, R. G.; Qureshi, A. K.; Sklarz, B. *J. Am. Chem. Soc.* **1968**, *90*, 5325.

Coskun, N.; Ozturk, A. *Tetrahedron* **2006**, *62*, 12057.

Lopes, S. M. M.; Nunes, C. M.; Melo, T. M. V. D. P. *Tetrahedron* **2010**, *66*, 6078.

Huisgen, R.; Gotthardt, H.; Bayer, H. O. *Angew. Chem. Int. Ed.* **1964**, *3*, 135.

Huisgen, R.; Gotthardt, H.; Bayer, H. O.; Schaefer, F. C. *Angew. Chem. Int.*

Ed. **1964**, *3*,

136.

Padwa, A.; Gingrich, H. L.; Lim, R. *Tetrahedron Lett.* **1980**, *21*, 3419.

Padwa, A.; Gingrich, H. L.; Lim, R. *J. Org. Chem.* **1982**, *47*, 2447.

Katritzky, A. R.; Qiu, G.; Yang, B.; He, H. Y. *J. Org. Chem.* **1999**, *64*, 7618.

Jaung, J. Y.; Jung, Y. S. *Bull. Korean Chem. Soc.* **2003**, *24*, 1565.

Tsuge, O.; Kanemasa, S.; Katritzky, A. R. *Advances in Heterocyclic Chemistry*, Academic Press: San Diego, **1989**.

Padwa, A. *1,3-Dipolar CycloadditionChemistry*, Wiley: NewYork, **1984**.

Grigg, R.; Sridharan, V. *Advances in Cycloaddition*, Curran, D. P., Ed.; JAI: London, **1993**.

Waldmann, H. *Synlett.* **1995**, 133.

Szantay, C. *Pure Appl. Chem.* **1990**, *62,* 1299.

Cordell, G. A. *Heterocyclic Compounds: The Monoterpenoid Indole Alkaloids,* Saxton, J. E., Ed.; Wiley: Nova Iorque, **1983**.

Lounasmaa, M.; Tamminen, T. *The Alkaloids: Chemistry and Biology;* Cordell, G. A. Ed.; Academic Press: San Diego, **1998**.

Cui, C. B.; Kakeya, H.; Osada, H. *Tetrahedron* **1996**, *52*, 12651.

Babu, A. R. S.; Raghunathan, R.; Mathivanan, N.; Omprabha, G.; Velmurugan, D.; Raghu, R. *Curr. Chem. Biol.* **2008**, *2,* 312.

Babu, A. R. S.; Raghunathan, R.; Kumaresan, K.; Raman, N. *Curr. Chem Biol.* **2009**, *3,* 432.

Periyasami, G.; Raghunathan, R.; Surendiran, G.; Mathivanan, N. *Eur. J. Med. Chem.* **2009**, *44,* 959.

Bhaskar, G.; Arun, Y.; Balachandran, C.; Saikumar, C.; Perumal, P. T. *Eur. J. Med. Chem.* **2012**, *51,* 79.

Vithiya, S. M. B.; Indumathi, U.; Prasad, A. A. T. *Der. Pharma. Chemica.* **2012**, *4,* 1906.

Arumugam, N.; Periyasami, G.; Raghunathan, R.; Kamalraj, S.; Muthumary, J. *Eur. J. Med. Chem.* **2011**, *46,* 600.

Ali, M. A.; Ismail, R.; Choon, T. S.; Kumar, R. S.; Osman, H.; Arumugam, N.; Almansour, A. I.; Elumalai, K.; Singh, A. *Bioorg. Med. Chem. Lett.* **2012**, *22*, 508.

Girgis, A. S. *Eur. J. Med. Chem.* **2009**, *44,* 91.

Arun, Y.; Bhaskar, G.; Balachandran, C.; Ignacimuthu, S.; Perumal, P. T. *Bioorg. Med. Chem. Lett.* **2012**, *22*, 508.

Hussein, E. M.; Abdel-Monem, M. I. *Arkivoc* **2011**, *x*, 85.

Hussein, E. M.; Abdel-Monem, M. I. *Int. Res. J. Pharm. Pharmacol.* **2012**, *2,* 45.

Kumar, R. R.; Perumal, S.; Senthilkumar, P.; Yogeeswari, P.; Sriram, D. *Eur. J. Med. Chem.* **2009**, *44,* 3821.

Prasanna, P.; Balamurugan, K.; Perumal, S.; Yogeeswari, P.; Sriram, D. *Eur. J. Med. Chem.* **2010**, *45,* 5653.

Amornraksa, K.; Worachartcheewan, A.; Prachayasittikul, V. *EXCLI Journal* **2008**, *7,* 185.

MIX
Papier aus verantwortungsvollen Quellen
Paper from responsible sources
FSC® C105338

Printed by Books on Demand GmbH, Norderstedt / Germany